QUESTION CHEVALINE

Dans ses Rapports

AVEC L'AGRICULTURE.

—

AMENDEMENT

Aux Conclusions de la Commission,

PROPOSÉ

AU CONGRÈS CENTRAL
DE L'AGRICULTURE,

PAR M. SAUZEAU (ALIX).

DÉLÉGUÉ DE NIORT (DEUX-SÈVRES).

NIORT,
IMPRIMERIE DE ROBIN ET Cie, RUE SAINT-JEAN, 6.

R
147.

QUESTION CHEVALINE

Dans ses Rapports

AVEC L'AGRICULTURE.

—

AMENDEMENT

Aux Conclusions de la Commission,

PROPOSÉ

AU CONGRÈS CENTRAL

DE L'AGRICULTURE,

PAR M. SAUZEAU (ALIX),

DÉLÉGUÉ DE NIORT (DEUX-SÈVRES).

NIORT,

IMPRIMERIE DE ROBIN ET Cie, RUE SAINT-JEAN, 6.

AMENDEMENT

DE LA COMMISSION DES CHEVAUX.

La question chevaline, dans ses rapports avec l'Agriculture, devait nécessairement fixer toute l'attention du Congrès central agricole, une Commission fut donc nommée ou plutôt se forma, au sein du Congrès, pour élaborer cette question et en faire un rapport en séance générale. Le travail fut sans doute long et pénible, car le rapport ne fut fait qu'à l'une des dernières séances ; et comme, d'un autre côté, le terme de rigueur, imposé au Congrès, était très court comparativement au nombre des questions qui faisaient l'objet de ses travaux, il en est résulté que la discussion a été à peine ouverte sur le rapport de la Commission, et que dès lors le Congrès n'a pu être appelé à prendre une décision quelconque.

La question est donc encore intacte, puisqu'elle est non jugée, du moins par le Congrès. Les partis sont toujours en présence. Bien des systèmes ont été mis en avant, et il en sera mis bien d'autres encore avant que tout le monde tombe d'accord. Nous regrettons très vivement que le Congrès n'ait pas été mis à même de faire bonne justice, après un examen approfondi, de la plupart des diverses prétentions à diriger et régenter l'Agriculture, qui ont été élevées. La perspicacité de ses votes sur les autres questions, rendus tous à la presque unanimité de l'assemblée, nous est un sûr garant qu'il aurait, sans aucun doute, rejeté bien loin les conclusions formulées dans le rapport de la Commission.

Nous avions été affecté d'un sentiment pénible en entendant la lecture de ces conclusions, aussi nous étions-nous empressé de nous faire inscrire pour parler contre le rapport ; mais, la fin du Congrès ayant arrêté la discussion au moment même où nous allions prendre la parole, nous avons cru devoir rédiger quelques notes qui résument les motifs de notre opposition à ce rapport.

Un motif plus grave nous a déterminé à publier ces notes. Il nous est parvenu que les partisans du rapport s'étayaient maintenant du nom du Congrès pour propager leurs systèmes ; et pourtant ce rapport a été frappé de réprobation par le Congrès, et, par suite, modifié par la Commission elle-même ; mais, malgré la défense expresse du Congrès, il a été imprimé et mis en circulation au-dehors, il peut alors produire quelques fâcheux effets, ou tout au moins répandre quelques inquiétudes. C'est donc pour dissiper ces inquiétudes, autant qu'il est en nous, et pour rassurer les producteurs de chevaux, principalement dans nos contrées, que nous allons entrer dans l'examen de ce rapport perturbateur.

Et d'abord constatons que le Congrès se composait de deux élémens qu'il ne faut pas confondre, c'est-à-dire principalement de délégués réels des Société d'Agriculture et des Comices des départemens, et, en outre, d'amateurs parisiens auxquels il suffisait de payer une cotisation pour être admis. Constatons ensuite que la Commission, formée pour élaborer la question des chevaux, s'est trouvée composée en totalité de seize membres, et que, sur ce nombre, figurent seulement trois délégués des Comices, et, par conséquent, treize amateurs. Ce simple rapprochement peut déjà faire entrevoir si le rapport et les conclusions de cette Commission émanent réellement du Congrès et jusqu'à quel point on est fondé à les exploiter, sous le passeport du Congrès, au profit des systèmes subversifs qui y sont exposés.

Les divers systèmes de la Commission peuvent, à le bien prendre, se résumer en un seul principal avec tous ses accessoires, et qui peut se réduire aux termes suivans que nous extrayons du rapport lui-même : « L'organisa- « tion actuelle de l'administration des haras ne s'accorde « ni avec les besoins de l'époque, ni avec l'esprit qui seul « peut rendre son intervention efficace. Il y a donc lieu « à insister vivement auprès du gouvernement pour en « obtenir une radicale réorganisation de l'administration « des haras. » Et dans la nouvelle organisation, il faut attribuer une large part, la part d'influence et de direction, à l'administration de la guerre.

Comme on le voit, c'est toujours la continuation du conflit élevé par la Guerre contre les Haras. Tout le monde connaît la querelle existante entre ces deux administrations depuis déjà plusieurs années ; tout le monde sait que la guerre a élevé la prétention de diriger en France la production et l'élève des chevaux, sous prétexte que le pays ne lui fournirait pas de quoi subvenir à ses remontes, et que ce serait par la faute des haras. L'on sait encore que la Guerre s'est adjoint le Jockei-Club pour appuyer ses attaques contre les Haras, aussi le rapport de la Commission est-il le résultat de leurs efforts réunis.

L'on aurait pu penser que le différend était entière-
ment vidé par les manifestations de l'opinion publique,
et surtout par les décisions de la Chambre des députés.
Mais la Guerre qui ne se tient pas encore pour battue,
vient faire appel devant une assemblée d'agriculteurs, elle
pose de nouveau la question comme si elle n'était pas
jugée, et prend pour juges les producteurs eux-mêmes,
c'est-à-dire les plus intéressés à la bonté de la solution.
Elle considérera sans doute enfin que ce doit être un
dernier ressort, et qu'elle devra se conformer franche-
ment aux prescriptions de l'arrêt qui sera rendu.

L'Agriculture accepte cette position de juge qu'on lui
fait ; elle l'accepte comme un hommage rendu à la rigueur du principe qui veut que l'on consulte au moins
les gens que l'on veut gouverner ou dont on veut diriger
les intérêts ; elle l'accepte encore comme une nouvelle et
éclatante manifestation de ce goût ou plutôt de ce besoin
des choses de l'Agriculture qui se fait aujourd'hui géné-
ralement sentir. Il faut, en effet, que la tendance des
idées vers la production soit bien puissante pour amener
la Guerre qui, jusque-là, ne nous était apparue que
comme consommateur, et même très grand consommateur, à tenter d'aussi grands efforts afin de prendre la
direction d'une des productions les plus importantes du
pays. La Guerre producteur !..... C'est curieux à noter.

A qui doit être confiée la direction des Haras ? Est-ce
au ministère de la guerre et au jockei-club, ou bien est-ce
exclusivement au ministère de l'Agriculture ? Telle est,
en résumé, si nous ne nous trompons, la position de
la question principale. Ainsi réduite, c'est, comme on
le voit, tout simplement un conflit d'attributions. En

vérité, il faut ou ne guère connaître les principes qui font la règle des attributions des différens pouvoirs dont l'état se compose, ou bien peu les priser pour venir en proposer avec autant d'insistance la violation.

Le principe ou la règle, en fait d'attributions de pouvoirs est qu'elles sont déterminées par la matière à attribuer, *ratione materiæ*. Tous les pouvoirs sont du ressort du centre commun, c'est-à-dire de l'état, qui les transmet ensuite par délégation ; la multiplicité des affaires nécessite un plus grand nombre de délégations différentes pour l'administration des diverses branches du pouvoir ; de là, l'établissement de plusieurs ministères. Mais il faut, de toute nécessité, une ligne de démarcation entre les différens pouvoirs ou les divers ministères en raison des diverses matières, et cette démarcation est d'ordre public. Car, autrement, il n'y a plus que confusion et désordre, et, comme le dit le préambule de l'ordonnance de 1453 sur les attributions : « les royaumes sans bon ordre de justice, ne peuvent avoir durée ne fermeté aucune. »

Les chevaux, de quelque manière qu'on veuille les envisager, sont un produit essentiellement et exclusivement agricole. Ils sont produits par l'Agriculture, élevés par l'Agriculture et nourris par l'Agriculture pendant toute leur existence. C'est donc bien là une matière agricole, qui, sous ce rapport, tombe dans le domaine du pouvoir agricole et spécialement dans les attributions du ministre de l'Agriculture et, par suite les Haras, qui ont pour mission de les conserver et améliorer, sont donc essentiellement de ce département.

Ces principes, nous venons de le dire, sont d'ordre public et, comme tels, on ne saurait impunément les violer, même pour des motifs qui paraîtraient graves; à plus forte raison, ne doit-on pas le faire dans la circonstance, où les motifs ou plutôt les prétextes, allégués par la Guerre, consistent à dire qu'elle a droit à diriger la production des chevaux, en ce qu'elle en consomme et en consomme beaucoup; comme si le Commerce et l'Agriculture n'en consommaient pas aussi, de même que toutes les autres catégories de consommateurs, dont nous parlerons tout à l'heure, et n'en consommaient pas chacune beaucoup plus que la guerre. La consommation, dans ce cas, ne peut donc être un motif pour donner des droits à diriger la production, sous peine de tomber dans l'absurde et le ridicule.

Ainsi, le jour où l'on donnerait la direction des Haras à la Guerre, sous le prétexte qu'elle consomme des chevaux, et qu'à ce titre elle peut seule agir d'une manière efficace sur la production, et qu'elle peut et elle doit la protéger en la dirigeant; ce jour-là l'on demanderait, pour les mêmes causes, que la Direction des Forêts soit confiée à la Marine ou au corps des menuisiers, comme consommateurs de bois; la direction de l'élève et de l'engraissement des bestiaux, au corps des bouchers; la direction des bêtes ovines, aux tailleurs, comme consommateurs de laines; la direction de la culture des céréales, aux boulangers, etc., etc. Et cette demande serait tout aussi rationnelle que la prétention de la Guerre, à la direction de la production et de l'élève des chevaux.

Puisque nous en sommes sur les attributions respectives des diverses branches de l'Administration, qu'il nous soit permis de faire remarquer que le département de la guerre est, jusqu'à un certain point, autorisé par des

exemples à vouloir empiéter sur le département de l'Agriculture. Les forêts, les sucres indigènes, les tabacs, les
vins et alcools, les douanes, etc.; tous ces intérêts ne sont-
ils pas de l'Agriculture, ou ne la concernent-ils pas plus
que tout autre département? Par quelle inconséquence
donc ne se trouvent-ils pas dans son domaine? C'est trop
amoindrir l'importance de l'Administration de l'Agriculture, c'est la constituer dans un état de faiblesse qui,
seul, suffit peut-être pour provoquer les prétentions en-
vahissantes des autres branches du gouvernement de la
France. L'Administration la plus importante et la plus puissante en droit, se trouve ainsi, en fait, la plus minime,
parce qu'elle est privée des attributions qui sont de son
ressort.

Nous nous bornerons à cette simple observation sur ce
sujet, pourtant si grave, mais qui nous éloignerait trop
de l'objet spécial dont nous avons à nous occuper, et nous
nous empressons de rentrer dans la question chevaline.

Cette question, comme toute autre, il ne faut pas la
voir seulement sous une de ces faces. Il ne faut pas la voir
au point de vue isolé des coteries et des individualités;
c'est toujours dans son ensemble qu'il faut la prendre,
c'est-à-dire au point de vue des intérêts généraux de toute
la nation, et sous ce rapport, elle sera subordonnée aux
faits qui sont de notoriété. Or, il est de fait notoire qu'il
faut des chevaux pour tous les besoins de la société; il en
faut pour la culture des terres, il en faut pour les postes,
messageries et transports de voyageurs; il en faut pour le
roulage, il en faut pour la circulation des propriétaires et
fermiers, il en faut pour le luxe, il en faut pour l'armée.

Ce sont donc des catégories de besoins bien différentes

lès unes des autres, et qu'il faut pourtant satisfaire toutes et nécessairement par des moyens différens; ce sont
des consommateurs de divers genres, mais, après tout,
ce ne sont que des individualités, dont aucune ne peut
être chargée de la direction à donner pour l'ensemble,
en raison de l'esprit exclusif qui nécessairement la domi-
nerait.

On peut juger dès-lors si, de même que la Guerre, qui
ne veut que des chevaux de troupe, le Jockei-Club, par
exemple, qui prône exclusivement et toujours et quand
même, le pur sang anglais, est dans de bonnes conditions pour concilier tous les divers intérêts, et s'il est à
même de satisfaire à tous les besoins. Nous ne blâmons
pas pour cela l'institution du jockei-club, elle peut être
bonne en elle-même, pour la création du cheval de luxe,
du cheval aristocrate; mais pour le cheval du commerce,
pour le cheval peuple, ce n'est pas le jockei-club qu'il
nous faut.

Ce qu'il faut, c'est un point central où viennent con-
verger tous les intérêts et les besoins différens, pour être
coordonnés ensemble, ce qu'il faut, c'est un grand centre d'action. Ce grand centre d'action ne peut être confié
qu'à l'état, pour, par lui, le faire rayonner dans toute la
France par des institutions propagatrices; il n'y a que
l'état qui puisse donner une bonne impulsion par l'établissement de haras nationaux, appropriés aux nécessités.
La mission des haras est de diriger tous leurs efforts vers
l'amélioration des différentes races, de suppléer à l'insuf-
fisance des moyens pécuniaires de l'industrie privée pour
se procurer de bons étalons, et de fournir aux éleveurs les
plus beaux types des races qu'ils exploitent, en un mot,

d'améliorer et de perfectionner la production ; mais non de la diriger ou plutôt de la bouleverser à leur guise ; car il ne faut pas perdre de vue que, comme pour toutes les autres industries, c'est aux producteurs seuls qu'il appartient de consulter leurs intérêts et les différens besoins de la consommation pour exploiter la production de manière à avoir la certitude d'écouler leurs produits. Dans ces termes, l'institution des Haras est donc une bonne chose en principe.

Quand une institution est bonne en principe, elle est aussi et nécessairement bonne en application, pourvu toutefois, qu'elle ne s'écarte pas du but pour lequel elle a été créée ; pour peu qu'elle s'en écarte, elle est aussitôt compromise. Les Haras, on ne peut pas le dissimuler, ont commis cette faute ; institués dans un but d'intérêt général et pour la satisfaction de tous les besoins, ils ont, pendant assez longtemps, sacrifié à des besoins partiels, ils ont alors été exclusifs, comme l'étaient les intérêts partiels qui les dominaient sans doute, et à l'influence desquels ils obéissaient ; ils ont perdu de vue l'ensemble des intérêts divers pour des individualités. Aussi, qu'en est-il résulté, c'est qu'ils ont fait douter de la bonté de leur institution elle-même. Ils ont été sans efficacité sur la production chevaline, et ont manqué le but qu'ils devaient atteindre.

Nous allons tracer, en peu de mots, la marche qui a été suivie par l'Administration des Haras, depuis leur création jusqu'à ce jour. Nous n'avons ni le temps, ni les moyens de porter nos investigations sur les différens Haras répartis dans toute la France, nous ne prendrons que celui qui est sous notre main, celui établi à Saint-Maixent, pour exploiter l'ancienne province du Poitou, et dont la circonscription embrasse quatre départemens : la Vienne, les Deux-Sèvres, la Vendée et la Charente-Inférieure. Sans doute que la marche suivie par celui-ci est la même que celle des autres, nous avons donc tout lieu de penser qu'en en connaissant un, nous les connaissons tous.

Le Haras du Poitou, créé en 1806 par l'empereur, fut, à son origine, peuplé de chevaux orientaux, connus sous le nom de chevaux arabes, et d'étalons espagnols, qui ne convenaient, en aucune manière, comme étalons propres à améliorer les races spéciales à la localité. C'était évidemment débuter par une faute, faute pourtant qui ne peut pas être attribuée à l'institution, mais bien à la fausse direction qu'on lui imprimait, sous l'influence exclusive de l'esprit de guerre. Quelques années plus tard, à l'influence de la Guerre vient se joindre l'influence du jockei-club, alors c'est du pur sang anglais qu'il faut partout et quand même. Il est facile à comprendre que, dirigés par cet esprit, les Haras aient échoué auprès des éleveurs et surtout dans le Poitou, qui possède des races que nous envient les autres nations. L'on ne doit donc pas s'étonner si certains chefs du haras n'ont pas été bien reçus par les propriétaires et fermiers du Poitou, quand ils leur proposèrent de changer pour du pur sang anglais leur race poitevine, laquelle fournit ces mules dont le marché du Poitou est sans rivaux sur tout le globe, et qui font par conséquent la richesse et l'orgueil des producteurs de cette province.

Enfin, après beaucoup de tâtonnemens et d'essais différens, après avoir introduit pour quelque temps, puis proscrit des étalons de la race du pays ; après beaucoup

de fautes en un mot, les Haras, il faut leur rendre justice, ont fini par s'amender. Depuis une dizaine d'années
environ, ils sont dans de bons erremens, parce qu'ils ont
cherché à secouer l'influence de la Guerre et du jockei-
club et à entrer dans la bonne voie où ils sont maintenant.

Aussi qu'est-il arrivé ? c'est qu'ils ont attiré sur eux
tous les foudres et toute la puissance des efforts réunis,
et de la Guerre, et du jockei-club, par lesquels ils ne vou-
laient plus se laisser diriger exclusivement. *Indè iræ*.....
et voilà ce qui nous explique les causes des poursuites
acharnées auxquelles les Haras se trouvent en butte de ce
côté.

Mais, d'un autre côté et en compensation, les Haras se
sont attirés les éloges et l'approbation des producteurs et
les encouragemens des conseils généraux des départemens.
C'est à tel point que le conseil général du département de
la Vendée vient de voter 280,000 fr., pour la création et
l'établissement d'un Dépôt d'étalons à Bourbon-Vendée.
Quand un conseil général s'impose de tels sacrifices, en
faveur d'une institution, c'est qu'il la croit très bonne et
très avantageuse pour les intérêts des producteurs. Ce fait
seul en dirait assez.

Une autre preuve que les Haras sont entrés aujour-
d'hui dans la bonne voie, c'est que jusqu'à 1835 environ,
le Haras de Saint-Maixent ne possédait que 45 étalons qui
restaient tous, pour ainsi dire oisifs, puisqu'ils ne sail-
lissaient, en tout, par chaque année, que treize ou qua-
torze cents jumens tout au plus, et que maintenant, il
possède 88 étalons et fait saillir à peu près cinq mille
jumens, c'est-à-dire qu'avec moitié moins d'étalons,
chaque étalon avait encore moitié moins de jumens, ou

autrement que depuis 1835 le nombre des étalons a doublé et le nombre des saillies de chaque étalon a également doublé, c'est encore un fait assez concluant.

Il en est un autre dont nous ne pouvons peut-être pas attribuer le mérite tout entier au Haras, mais dont bien certainement il peut réclamer la plus large part, c'est que, toujours vers 1835, dans les principales localités de la circonscription du haras de Saint-Maixent, c'est-à-dire Rochefort, Saint-Maixent, Luçon et Saint-Gervais, les poulains au sevrage qui sont exportés dans à peu près toutes les autres parties de la France, ne se vendaient en moyenne que soixante ou quatre-vingts francs, aujourd'hui ils se vendent au contraire trois cents francs au moins.

Quand les Haras se présentent appuyés sur de pareils faits, nous, agriculteurs, nous n'avons qu'une chose à leur demander, c'est de se maintenir dans la voie où ils sont entrés et d'y persévérer toujours de plus en plus. Et maintenant que nous les avons appréciés comme ils doivent l'être, examinons les griefs qui leur sont imputés et qui servent de base aux prétentions et aux systèmes émis contre eux par l'Administration de la guerre.

La Guerre prétend, et avec elle le rapport de la Commission, que « la production en France des chevaux « indispensables à l'organisation de son armée, est infé- « rieure aux besoins de la consommation, que ce dénue- « ment, toujours un mal très grave, prend le caractère « d'une calamité nationale, lorsqu'il s'agit de la remonte « de la cavalerie de l'armée. Que ce dénuement pesait « déjà sur les destinées de la France dès 1639, qu'il doit « être attribué entr'autres mais principalement à l'admi- « nistration des haras qui, en confondant volontaire-

« ment les vrais principes, a toujours produit la plus
« déplorable confusion dans les diverses directions qu'elle
« a imprimées à la production chevaline ; qu'en consé-
« quence, l'administration actuelle est jugée par ses
« œuvres, et qu'il s'agit donc de procéder à une nouvelle
« réorganisation. » En résumé, 1° la France ne produit
pas assez de chevaux pour alimenter ses remontes ;
2° c'est par la faute des haras ; et 3° il y a nécessité de
réorganiser les haras. Voilà ce que soutient la Guerre,
ainsi que la Commission, voyons donc si tout cela est bien
juste, et surtout si tout cela est bien vrai.

Et d'abord nous nous étonnons d'une chose, c'est de
voir de bons esprits qui se sont vivement préoccupés de
la question chevaline, adopter de confiance et sans examen, la proposition mise en avant par l'administration de
la guerre, qu'elle ne peut pas effectuer en France la remonte de ses chevaux, même pour les besoins en temps
de paix. C'est par trop fort à notre avis, et, quelque désir
que nous aurions de ne pas nous écarter des formes par-
lementaires, nous ne pouvons pourtant pas nous empê-
cher de dire tout au moins que cette proposition n'est
pas vraie, quelque soit l'assurance avec laquelle on l'a
émise, et qu'il est évident pour nous qu'elle n'est qu'une
des prémisses obligée de la conclusion ou plutôt du but
auquel on voulait arriver à tout prix.

En effet, si nous consultons la statistique, à peu près
officielle, de la population chevaline existante en France
en ce moment, nous trouvons que cette population s'élève
à près de 3,000,000 d'individus (en 1840, elle était de
2,818,500) dont, d'après un tableau dressé par un éleveur, 370,500 poulains également propres au service,

nobles et légers, de quatre ans et au-dessus, suivis de 620,500 poulains également propres au service, sans y comprendre les chevaux pour le train et l'artillerie, que l'on n'a pas encore même supposé devoir manquer pour les remontes.

Si nous consultons ensuite la statistique des besoins ordinaires de l'armée, c'est-à-dire pour le temps de paix, nous trouverons que la moyenne pour chaque année est d'environ sept mille chevaux qu'il lui faut pour ses remontes. Est-ce de bonne foi, alors que la Guerre, en présence de pareilles ressources et avec d'aussi minimes besoins, vient prétendre qu'elle ne trouve pas d'élémens suffisans ? Eh quoi ! vraiment il ne serait pas possible de trouver, tous les ans en France, sept mille chevaux seulement pour l'armée ?

Nous sommes donc bien le jouet d'une illusion, nous, habitans du Poitou, c'est-à-dire des quatre départemens qui composent la circonscription du haras de Saint-Maixent, qui nous ferions fort, à nous seuls, de fournir ce contingent et qui prendrions l'engagement, si le débouché était assuré par un marché franc et loyal, pour un temps moral nécessaire, dix années par exemple à commencer dans quatre ans, de ne fournir que des produits nés et élevés dans le Poitou.

Ou nous nous abusons étrangément, ou, ainsi que nous le soutenons, le Poitou tout seul est à même de fournir aux besoins de la remonte ordinaire de l'armée. Nous avons assez bien étudié nos ressources pour être bien persuadé que nous ne nous avançons pas trop à cet égard. Que l'on juge alors de l'opinion que nous pouvons nous faire de l'administration de la guerre, qui n'a que treize cent soixante chevaux à acheter, en 1844, à son Dépôt de remonte de Saint-Maixent, qui bien certainement n'achetera pas ce nombre, quelque minime qu'il soit, qui viendra dire ensuite qu'elle n'a pas pu compléter son contingent, parce que les chevaux lui ont manqué, et qui, plus est, le justifiera par les rapports de ses agens de remonte.

C'est tout simplement, il est vrai, un pronostic que nous faisons, mais que nous basons sur des faits positifs et dont, sans grand effort, nous pouvons en toute assurance craindre et garantir la réalisation. Ainsi, on exige pour les chevaux de troupe les formes et les qualités des chevaux d'officiers, et quand on les a rencontrées, on offre à l'éleveur un prix très faible et de beaucoup inférieur à celui offert par le commerce. Alors l'éleveur emmène ses chevaux, et la Guerre n'achète pas. Au train dont vont les choses, il y a tout lieu de croire que, sur les 1,360 chevaux il n'en sera pas à peine acheté la moitié. Pour en agir ainsi, il faut que la Guerre ait un but. Ce but, nous le connaissons et nous croyons de notre devoir de le signaler, c'est que la Guerre veut persister dans son système de diriger la production des chevaux, et pour en arriver là, justifier par toute espèce de moyens que la France n'est pas à même de compléter sa remonte.

Ces faits sont graves, ce nous semble, et l'on peut bien dire qu'*ils prennent le caractère d'une calamité nationale*, quand ils n'ont pour cause qu'une mesquine rivalité d'un des grands pouvoirs de l'état contre une autre branche de l'administration, et quand ils ont pour effet, d'une part, de porter les fonds des contribuables chez les nations étrangères, et, d'une autre part, de jeter le découragement et la perturbation parmi les éleveurs, et des inquiétudes dans toute la France au sujet de l'indépendance nationale que l'on présente ainsi comme étant sérieusement compromise.

Mais que la France soit sans inquiétude sur ce dernier point ; si son indépendance se trouve compromise un jour, ce ne sera pas parce que les chevaux pourront manquer à son armée. On doit considérer comme certain et positif que l'Agriculture est grandement à même de satisfaire en ce moment aux besoins ordinaires des remontes. Quant aux besoins extraordinaires, c'est-à-dire à ceux que créerait un cas de guerre, nous avons peine à croire, quoiqu'on en dise, qu'avec de la franchise et de la bonne volonté on ne trouverait pas, dans toutes les parties de la France, de quoi remplir les cadres dont, à ce qu'il parait, on peut établir le chiffre à environ 180,000 chevaux. L'on remarquera que déjà, d'après les états publiés par tous les journaux, il y a un effectif de 83,416 chevaux. Ce serait donc environ 76,000 qu'il faudrait immédiatement en cas de guerre, si les statistiques sont vraies ; on a peine à comprendre que sur les 370,000 chevaux de quatre ans et au-dessus propres au service, les 620,000 poulains de même espèce, et en outre, sur les 900,000 et plus de chevaux communs et les 500,000 de trait pour le train et l'artillerie, il ne serait pas possible de parfaire les 76,000 qu'un cas de guerre nécessiterait de surplus, quand surtout il est officiel qu'en 1840, lorsque la guerre parut un instant imminente, on pouvait s'en procurer plus de 68,000 propres au service et sans nuire aux autres besoins de la nation.

Disons donc, avec à peu près tout le monde et malgré les assertions contraires de la Guerre, que la France peut se suffire à elle-même et qu'elle produit assez de chevaux pour alimenter ses remontes au moins en temps de paix ; disons aussi, puisque c'est notre conviction intime, qu'elle en fournirait assez pour le cas de guerre.

Mais, quoiqu'il en soit, admettons par hypothèse que l'Administration de la guerre est dans le vrai, à qui devrait-on en imputer la faute? La Guerre prétend et le rapport de la Commission le prétend aussi, que c'est aux Haras. C'est là une injustice basée sur une erreur. L'erreur consiste en ce que l'on attribue aux Haras une action directe sur la production, tandis que, en principe et en fait, les Haras, pas plus qu'aucun des pouvoirs de l'état, n'ont et ne peuvent avoir cette action directe qui appartient exclusivement aux producteurs, ainsi que nous l'avons déjà dit plus haut.

Les agriculteurs, au contraire, qui sont sans partialité dans le débat, sont tous disposés à faire retomber tout le blâme et un blâme sévère sur l'Administration de la guerre. Et ils établissent leur opinion sur les faits qui se passent sous leurs yeux. En effet, ils produisent des chevaux pour toutes les catégories de besoins. Tous, sauf ceux d'une seule catégorie, leur sont achetés aussitôt qu'ils les mettent en vente et payés des prix raisonnables qui mettent leur intérêt à couvert. Ceux, au contraire, qu'ils ont produits et élevés pour la Guerre, quand ils les offrent, ou l'on n'en veut pas, ou l'on n'en veut que pour un prix qui les constituerait en perte. D'après cela, il ne leur faut pas faire un grand effort d'imagination pour voir que l'on se moque d'eux, et que leur intérêt, compromis de ce côté, doit nécessairement les porter à aviser d'un autre côté.

C'est là précisément ce qui est arrivé dans nos contrées.

Nous connaissons bon nombre de propriétaires et de riches fermiers de la Gâtine, c'est-à-dire du Bocage du Poitou, nous pourrions les nommer au besoin, qui, pendant quelques années, se sont livrés spécialement à l'élève du cheval de troupe, mais qui ont été obligés d'abandonner ce genre de production pour se livrer à un autre, par la raison qu'ils n'avaient aucune certitude, d'abord de vendre leurs produits, et ensuite de s'en défaire sans éprouver de grosses pertes.

Ce dégoût, de la part de l'agriculture, pour la production chevaline de la catégorie des besoins de l'armée, s'il se continuait et prenait une plus grande extension, aurait infailliblement pour effet de rendre *la production inférieure aux besoins de la consommation, et prendrait tout à fait le caractère d'une calamité nationale.* Et cela par la faute non pas des Haras qui n'y peuvent rien, mais de la Guerre qui ne veut pas acheter ou qui ne veut pas payer la valeur vénale.

Le mal étant connu, ainsi que les causes qui l'ont déterminé, le remède n'est pas difficile à trouver ; puisque c'est le défaut de consommation qui interrompt ou plutôt qui détourne la production, consommez et vous rappellerez la production. De plus, donnez un juste prix rémunérateur, intéressez à produire comme vous le désirez, payez et payez largement et vous serez tout étonnés de la multiplication de produits que vous aurez occasionnés ; car, soyez-en bien convaincus, prenez les producteurs par leur intérêt et vous en obtiendrez tous les produits que vous pourrez désirer ; c'est la seule intervention dans leur industrie qu'ils puissent admettre de votre part, et qui, après tout, vous soit permise.

Au lieu de se faire un raisonnement aussi logique et surtout d'agir en conséquence, la Guerre, qui ne veut pas perdre son système de vue, répond à tout cela qu'elle est bien maîtresse d'acheter ou de ne pas le faire, et que, puisque c'est elle qui consomme, elle a bien le droit de mettre le prix qui lui convient dans les objets de sa consommation..... Il y a là plus qu'une erreur ; non-seulement l'Administration de la guerre n'a pas le droit de ne pas faire l'emploi des fonds qui lui sont confiés par l'état, dans le but spécial de fournir l'armée des chevaux dont elle a besoin ; mais encore en ne le faisant pas, elle commet un crime de lèse-nation, puisque par son inaction elle compromet et la prospérité et la force et l'indépendance de la France.

Pour remédier à tout cela, il faut, dit la Guerre, par l'intermédiaire de la Commission, réorganiser les Haras, attendu que *l'Administration actuelle est jugée par ses œuvres*, et comme si une pareille proposition devait être adoptée en principe sans difficultés, on présente immédiatement une liste du personnel d'une nouvelle administration des haras. D'un trait de plume, on supprime impitoyablement tout le personnel de l'Administration existante depuis le directeur général jusqu'aux palefreniers. (On a cru pourtant devoir s'appitoyer sur le sort de ces derniers que l'on recommande à ceux qui voudront s'en charger ou à la générosité du gouvernement pour les indemniser.) C'est cette partie des conclusions de la Commission qui nous a affecté du sentiment pénible dont nous avons parlé en commençant, parce que nous y avons vu un but de personnalités qui ne devait pas être manifesté dans une réunion aussi sérieuse que celle du Congrès composé par des agriculteurs venus de toutes les parties de la France. Si c'est le bout de l'oreille, on aurait bien dû le cacher, voilà tout ce que nous croyons devoir en dire.

Mais nous ne passerons pas de même sous silence la question en principe. La Commission ne nous paraît pas être très conséquente avec elle-même. D'accord en cela avec tout le monde, elle pose d'abord pour règle que l'état n'a pas plus sur l'industrie chevaline que sur toute autre industrie, le droit d'intervention directe. Puis elle ajoute que, par exception, il a pourtant le droit d'intervenir directement. La Commission ne s'occupe pas de savoir si, dans ce cas, l'exception confirmera la règle ou la détruira ; mais elle avait besoin de créer un point d'appui au système de réorganisation qu'elle voulait présenter. Nous pouvons bien lui pardonner ce petit écart en faveur du motif ; ce qui ne nous empêchera pas de conserver la règle dans toute sa virtualité, et sans admettre qu'il y soit apporté aucune espèce d'exception.

La conséquence que nous avons à tirer de cette règle, c'est que, quelque mode d'organisation que l'on emploie pour les Haras, ils ne devront produire ni plus, ni moins d'effets sur la production d'une manière que d'une autre. Il n'y a que l'application qui puisse être de quelque efficacité ; il n'y a donc que l'application qui rationnellement soit susceptible d'être modifiée. Si les Haras font des fautes, il faut redresser ces fautes, s'ils sont dans la bonne voie, il faut les encourager à s'y maintenir et voilà tout ; mais tout cela peut bien se faire sans chasser tout le personnel actuel pour lui en substituer un autre, du moins nous ne pouvons pas comprendre cette nécessité comme principe, seul point de vue duquel nous devons voir la question ; car si parmi les employés il se trouve des hommes incapables, c'est une affaire de discipline qui ne nous regarde pas.

Malgré tout ce que l'on peut dire, la Guerre ne veut pas céder même aux principes et à la force des choses. Quoiqu'on dise ou quoiqu'on fasse, il lui faut la direction des Haras ; il semblerait vraiment, à voir tant d'insistance, que le salut de la France soit attaché à cette mesure. Et pourtant l'Administration de la guerre devrait se considérer comme étant *jugée par ses œuvres*, et se contenter des essais que l'état a eu la générosité de l'autoriser à faire pendant quelques années, essais dont elle a, comme tout le monde le sait, usé et abusé d'une manière assez cavalière. Ainsi, en 1841, elle se fait voter au budget soixante mille francs seulement pour achat d'étalons, et trouve le moyen d'en acheter pour près de 128,000 fr. Avec la même somme qui lui est allouée en 1842, elle trouve moyen d'en acheter pour 78,000 fr., et, en outre, dans ces deux années, elle achète pour plus de 45,000 fr. de poulains, sans compter les jumens poulinières dont nous allons bientôt dire un mot. Sans entrer dans aucun détail au sujet de ces essais de production confiés à la Guerre, qu'il nous suffise de dire, pour justifier leur inefficacité, que la Chambre des Députés a dû intervenir pour mettre un terme à une telle anomalie qu'elle n'eut jamais dû autoriser, et pour ordonner que la Guerre remettrait ses étalons aux Haras.

Jugée par la Chambre des Députés, l'Administration de la guerre l'était aussi par les éleveurs, et l'on pourra apprécier le degré de confiance qu'elle inspire parmi les agriculteurs, par un fait qui est à notre connaissance. Après avoir avec ses 60,000 fr. acheté pour plus de 150,000 fr. d'étalons et de poulains, et sans doute parce que disposant d'un budget énorme, elle peut y puiser pour satisfaire ses caprices, la Guerre a encore trouvé le moyen de se procurer des jumens poulinières. Eh bien ! comptant sans doute sur le faible qu'ont les cultivateurs de se laisser prendre par leur intérêt, elle a voulu leur donner ces jumens pour rien ; c'était, comme on le voit, un moyen assez séduisant pour en arriver au droit de diriger la production chevaline, et pourtant l'Administration de la guerre en a été pour ses avances. Les Cultivateurs n'ont pas même voulu du cadeau de ses poulinières. Il faut, en vérité, que la défiance contre la Guerre soit bien grande pour qu'on lui fasse ainsi une si dure application du fameux *Timeo Danaos et dona ferentes.*

Pour nous résumer à cet égard, nous dirons que l'Administration de la guerre, condamnée par les principes, condamnée par l'opinion publique, condamnée par la Chambre des Députés, et condamnée par le bon sens des éleveurs, n'avait aucune chance de réussite devant le Congrès, et que le rapport de la Commission ne doit être considéré que comme un dernier effort tenté par ses partisans. Nous regrettons que le Congrès n'ait pas été mis à même de statuer sur le fond de ce rapport, comme il l'a fait sur la forme ; car enfin, il serait bien temps, ce nous semble, qu'un débat aussi scandaleux, qu'on nous passe l'expression, eut un terme et qu'il n'en fut plus question.

Maintenant que nous en avons fini avec la Guerre et

avec ses partisans, nous allons passer rapidement en
revue les autres systèmes mis en avant par la Commission
et ceux qui sont parvenus à notre connaissance au sujet
de la question chevaline. Il n'y a peut-être pas d'autre
question dans toute notre économie qui ait fourni matière
à tant de systèmes différens. *Tot capita quot sensus.* Nous
ne voulons pas entreprendre de les examiner tous, mais
nous dirons un mot de ceux qui ont été le plus prônés.

Mais d'abord la question est-elle bien posée : il nous
paraîtrait que non, et de là la confusion qui se trouve dans
les différentes manières de la résoudre. On n'est pas fixé
sur ce que l'on veut, et nous n'avons pas de peine à le
croire, puisque l'on ne sait même pas ce qui manque,
ou, en d'autres termes, tout le monde s'ingénie à chercher
un remède pour un mal que l'on a adopté de confiance
et dont personne ne s'est avisé de s'enquérir ; ce n'est pas
le moyen d'arriver à quelque chose de logique.

Nous ne savons trop qui le premier a dit, nous serions
tenté de croire que c'est la Guerre, que la France manquait du cheval de selle ou cheval léger, et que ce genre
de production n'était pas fourni par l'Agriculture, dans la
proportion des besoins de la consommation. Cette proposition a été admise sans examen, sans vérification, et
l'on est parti de là, non pas pour s'assurer du fait, mais
les uns pour rechercher les causes de cette pénurie, et les
autres pour proposer des moyens de parer aux inconvé-
niens qui doivent inévitablement en résulter.

Ainsi, les premiers ont dit : il n'y a pas de chevaux
légers en France ; ce n'est pas étonnant, les races tendent
toujours à dégénérer, c'est une loi de la nature ; aussi
l'histoire nous apprend-elle que dès **1639**, on subissait,

en France, les effets de cette dégénérescence, en sortant *par chacun an plus de cinq millions or et argent, pour les chevaux venant d'Allemagne, Annemarck, Espagne et autres pays étrangers.* Depuis deux siècles, le mal n'aurait nécessairement fait qu'augmenter, et l'on ne manque pas de citations d'auteurs à l'appui.

Les autres viennent ensuite et disent, sans trop s'entendre : Pour avoir les chevaux légers qui nous manquent, il faut croiser toutes les races par le sang arabe, qui est le type de toutes les races de chevaux ; il faut croiser par le pur sang anglais, il faut des courses au galop, il faut des courses au trot, il faut faire produire des chevaux par l'Administration de la guerre, il faut, il faut, etc....., que ne faut-il pas ?

Tous, nous devons le dire, font étalage de sciences, tous appuient leur manière de voir sur des bases qui, suivant eux, sont infaillibles, et pourtant la question reste toujours pendante et sa solution ne paraît pas devoir être prochaine, et semble, au contraire, s'embrouiller de plus en plus. Il y a donc là-dessous nécessairement un malentendu : car nous ne pouvons pas croire qu'une question soit insoluble, quand les termes en sont parfaitement établis.

Pour que l'on puisse partir de cette base, que les chevaux légers ou de selle manquent en France, il faudrait, avant tout, deux opérations préliminaires et indispensables. Il faudrait établir d'abord le chiffre exact des besoins et ensuite le chiffre exact des ressources. Et, alors, la comparaison de ces deux chiffres établirait nettement la position. Nous ne pensons pas que ce travail préparatoire existe encore, aussi ne trouvons-nous pas trop surprenante la confusion qu'entraîne nécessairement l'absence de ce document fondamental. Nous voudrions seulement que cela ne fut posé en principe que quand ce sera incontestable, et l'on conçoit combien l'argumentation y gagnera ; puisque jusque-là l'on ne peut s'appuyer que sur une croyance, sans preuve authentique. Aussi, quand les uns disent : les chevaux légers manquent ; d'autres, et nous sommes de ce nombre, répondent : non, ils ne manquent pas. Il est bien évident, dans ce cas, qu'il n'y a pas de discussion possible, tant que la balance authentique des besoins et des ressources ne tranchera pas cette première difficulté.

Sans donc opposer notre croyance bien intime à d'autres croyances contraires, bornons-nous seulement à faire observer que si la dégénérescence de nos races remonte déjà à plus de deux siècles, comme le prétend le rapport de la Commission, et entraîne un danger quelconque, ce danger ne doit pas être considéré comme trop imminent, puisqu'il n'a pas fait de plus grands progrès que ceux que nous voyons, dans un aussi long espace de temps et malgré toutes les circonstances défavorables que nous avons traversées.

Disons, en outre, que nous n'ajoutons pas trop de foi à ceux qui prétendent que dégénérer est la loi de la nature. Cela pourrait être vrai jusqu'à un certain point, s'il était prouvé que toutes les races de chevaux proviennent d'un seul cheval, né dans un endroit déterminé, l'Arabie par exemple, comme toute la race humaine proviendrait d'Adam. On concevrait alors que, transplantés d'un pays chaud dans un autre ou tempéré ou froid, et sous un autre régime alimentaire, ils en vinssent à subir quelques modifications dans leur organisation. Mais on avouera que c'est un fait au moins aussi contestable pour les chevaux, qu'il peut l'être pour les différentes races d'hommes, que de prétendre leur assigner une seule origine.

Nous ne nous serions pas arrêté à cette proposition, par trop métaphysique, que tous les chevaux procèdent du cheval arabe, si nous n'y eussions entrevu l'une des principales causes du malentendu dans la position de la question et par suite dans les moyens de la résoudre. Et, en effet, en prenant pour type primordial de toute la race chevaline le cheval arabe, on est tout naturellement amené à conclure que toutes les espèces de chevaux qui s'en écartent plus ou moins, s'écartent de leur origine et sont, par conséquent, plus ou moins dégénérés. Nos forts et beaux chevaux de trait sont des chevaux dégénérés, nos chevaux mulassiers sont des chevaux dégénérés, tous les chevaux des postes et des messageries, tous ceux du commerce en un mot, sont chevaux dégénérés. Il faut avouer que s'il en est ainsi, le nombre des dégénérés serait assez considérable.

Puis c'est de là que l'on part pour mettre en avant que la France manque indispensablement de chevaux de selle ou légers, puisqu'elle en possède tant qui s'éloignent du cheval arabe, essentiellement cheval de selle et léger. Et ensuite, sans trop grand effort, pour compléter le raisonnement, on établit la nécessité de croiser toutes les races par le pur sang arabe et par le pur sang anglais qui serait l'arabe perfectionné, et comme moyens d'amélioration, les courses de toutes natures, la transmigration et tous les autres moyens enfin que l'on s'est ingénié à indiquer et à publier.

Mais nous qui doutons, puisque cela ne nous est pas prouvé, qu'il n'y ait sur toute la surface de la terre qu'un seul père de toutes les races de chevaux, nous doutons par conséquent que toutes ces races soient effectivement dégénérées. Nous doutons de l'efficacité des croisemens sur toutes ces races, par l'étalon arabe ou pur sang anglais, et nous ne pouvons croire aux effets avantageux pour l'amélioration, des courses soit au galop, soit au trot, que nous considérons seulement comme des jeux de grands seigneurs, où l'Agriculture n'a que faire.

Nous croyons, au contraire, à la bonté de la plupart de nos races, pourtant différentes les unes des autres. Si elles sont ainsi, parce qu'elles seraient dégénérées, nous rendrions grâce à la nature de nous avoir doté, par les effets de la dégénérescence, de races telles que la poitevine, la percheronne, la boulonnaise, la bretonne et autres que nous préférons, pour l'usage auquel nous les destinons, au cheval arabe, leur prétendu père commun. Si la nature ne nous a donné, en principe, que des chevaux légers, nous devons nous applaudir de la conquête que nous avons faite sur elle de nos races de gros chevaux. Nous pensons ensuite, qu'ayant « des races qui possèdent dans leur type « les qualités qui constituent leur aptitude à une utilité « définie avec précision, que ces races peuvent se perfec- « tionner par l'accouplement judicieusement concerté entre « les individus les plus accomplis de la même race, et que « cette amélioration est celle qui s'accommode le mieux « aux lois de la nature, » et que par conséquent c'est la seule dont on doive raisonnablement faire usage.

S'il était vrai pourtant et même si seulement on le redoutait, que le cheval de selle, léger ou de guerre, manquât en France, nous pensons que l'État a en main les moyens indirects de conduire la production vers ce but. L'un des premiers qui se présente est signalé par la Commission ; *éclairée sur les conditions onéreuses de cette industrie, l'Administration doit offrir un prix rémunérateur, équitable*; nous y souscrivons de grand cœur, parce que c'est un principe vrai, mais nous n'adopterons pas de même l'allégation que l'*Administration a accordé une large satisfaction aux réclamations qui lui sont parvenues à cet égard*, attendu que cette assertion n'est pas vraie et qu'il est, au contraire, constant en fait qu'elle n'offre même pas le prix de revient et qu'elle n'offre qu'un prix de beaucoup inférieur au prix du commerce, tandis que c'est tout le contraire qui devrait exister.

Il faut, en effet, suivant nous, que l'État paie comme le commerce et même un peu plus cher s'il veut engager à produire des chevaux pour l'armée. Il faut, en outre, que l'État détermine aussi positivement que possible, le chiffre annuel de sa consommation ordinaire et qu'il ne s'en écarte pas. En combinant ces deux moyens, l'on peut être assuré que la production prendra cette direction où elle trouvera sécurité et profit.

Un autre moyen est indiqué par la Commission. « Il « s'agit de faire transmigrer les élèves qui sont créés dans « les régions du Midi, où ils ont reçu le cachet d'une noble « origine, pour les porter sur les riches pâturages des « régions du Nord-Ouest, où ils recevront un développe- « ment considérable dans leur charpente osseuse, sans rien « perdre de leur première origine; qu'une tentative de « cette nature a été faite en transportant les poulains du « Limousin sur les pâturages du Poitou et de la Vendée, « et couronnée du succès le plus complet. Il faut donc que « l'Administration de la guerre prête un concours efficace « à ce genre d'essai, qui doit tourner au bénéfice de la « production et de la consommation, et surtout créer de « grandes ressources pour les besoins de l'armée. »

Nous n'examinerons pas si, en principe, les transmigrations peuvent opérer les effets énoncés par la Commission; cet examen nous conduirait infailliblement encore à en douter et même à ne pas y croire; mais nous demanderons à la commission si elle s'est bien assurée du fait qu'elle met en avant, que la tentative de transporter les poulains du Limousin sur les pâturages du Poitou et de la Vendée a été couronnée du succès le plus complet. Nous voudrions bien ne pas devenir désobligeant pour l'auteur de cette tentative, tout ce qui tombe dans les personnalités nous répugne; mais enfin nous ne pouvons pas laisser s'accréditer de tels faits, quand nous savons positivement qu'ils sont bien loin d'être exacts. Cette tentative a, au contraire, échoué de la manière la plus complète, et nous n'engageons pas qui que ce soit, même l'Administration de la guerre, à venir la renouveler dans le Poitou et la Vendée. Voilà tout ce que nous voulons en dire, et nous le prouverions au besoin.

Vient ensuite le système complet et radical de M. de Girardin de modifier la constitution des chevaux par le travail, en substituant l'usage du charriot à la charrette et en amenant tous les chemins vicinaux et toutes les routes à un état de bonne viabilité. M. de Girardin, ayant développé lui-même sa proposition tant par écrit que verbalement, chacun est à même de se rendre compte de son plus ou moins d'efficacité. Quant à nous, sans la juger, nous croyons devoir nous borner à demander avec lui que l'on se hâte d'amener à son terme la viabilité, aussi bien du chemin agraire que de la route royale. Il faudrait ne pas avoir parcouru les chemins du Bocage et de la Gâtine, où pendant sept ou huit mois de l'année, les chevaux entrent jusques aux sangles, pour ne pas être convaincu qu'un cheval léger ne peut pas s'en arracher dans leur état actuel, et qu'une bonne viabilité produirait nécessairement l'effet d'augmenter dans ces contrées la consommation des chevaux légers et pourrait dès lors devenir un moyen indirect de porter à cette production.

Un autre moyen dont l'effet serait plus immédiat, consisterait à prohiber l'importation des chevaux de selle, en les frappant à la frontière d'un droit protecteur qui ne devrait pas atteindre les poulinières et les étalons destinés à la reproduction.

Il est encore un des besoins de notre époque que l'on pourrait facilement exploiter dans le but du cheval léger. Nous voulons parler du besoin d'aller vite, qui se manifeste dans toute la société et qui se présentera dans toute sa force et avec toutes ses exigences quand le pays sera sillonné dans quelques parties par les chemins de fer. On conçoit aisément qu'alors il y a une impérieuse nécessité pour les messageries et toutes les voitures de transport des voyageurs, d'aller avec la plus grande vîtesse; mais, il faut le dire, avec les impôts énormes que paient les entrepreneurs, ils ne peuvent pas prendre de chevaux plus légers que ceux qu'ils emploient; car il faut que, par le transport des bagages et des marchandises, ils récupèrent les pertes qu'ils feraient par le transport seul des voyageurs: par conséquent, il leur faut un lourd et fort matériel et des chevaux plus forts que légers pour entraîner une charge énorme. Si donc on dégrévait les messageries d'une grande partie de leurs impôts, sous la condition que leurs voitures ne peseraient qu'un certain poids et qu'ils ne se livreraient plus au transport des marchandises, il en résulterait immédiatement pour cette destination l'emploi du cheval vite et léger, et par conséquent encore un encouragement à la production.

Nous avons vu quelque part que l'une des causes de la prétendue dégénérescence des chevaux en France, c'est que les Français n'aiment pas le cheval et ne s'en occupent pas. S'il en est ainsi, cela provient de ce que le genre d'éducation que l'on donne tend à détourner de toutes les choses de l'Agriculture, et à les faire prendre pour ainsi dire en mépris. Avec un système d'éducation meilleur, c'est-à-dire, dirigé davantage vers la science agricole, les jeunes gens comprendraient qu'ils peuvent trouver là tout autant, sinon plus qu'ailleurs, un vaste aliment pour leur esprit, le contentement de l'âme et le chemin de la fortune, et même de la gloire. Les bons effets d'une éducation agricole sont incalculables, mais on peut prévoir le retour dans les campagnes des riches propriétaires et de leurs capitaux avec eux, par suite une plus grande somme de travaux pour les ouvriers, et, pour ne pas nous écarter de notre question, du goût pour toute espèce de bestiaux, et par conséquent et surtout pour le cheval de selle qui, dans la campagne, étant un objet de première nécessité, fixerait toute l'attention et s'attirerait tous les soins de son maître.

Que l'on joigne à cela une occasion de distraction ou de plaisir, et l'on verra, comme par enchantement, augmenter la consommation du cheval de selle et par conséquent la production qui lui est toujours subordonnée. Ainsi, par exemple, que l'on favorise la chasse à courre, au lieu de la prohiber, comme on l'a fait jusqu'à ce jour ; qu'elle cesse d'être le privilège exclusif d'un petit nombre de favorisés, ce sera, nous n'en doutons pas, encore là un encouragement indirect pour le cheval de selle. Mais, pour cela il faut, avant tout, donner la Direction des Forêts au ministre de l'agriculture, dans les attributions duquel elle tombe aussi naturellement que la direction des Haras.

Nous nous apercevons que nous nous laissons entraîner à ne nous occuper que du cheval de selle, comme s'il était le seul qui dût fixer toute notre attention. Il nous semble cependant que nos autres races sont assez précieuses pour qu'on ne les néglige pas au profit du cheval léger. Il ne faut de l'exclusion nulle part ; il faut, au contraire, de la justice partout, et l'on s'écarte à tort de ces principes. Ainsi, l'on ne donne de primes qu'aux poulains et pouliches provenant de jumens et chevaux pur sang ; il serait plus équitable de répartir les primes sur tous les poulains et pouliches, sans distinction de race, pourvu qu'ils présentassent, chacun dans leur genre, tous les caractères des qualités assignées au type auquel elles appartiennent. Par ce moyen, on encouragerait les éleveurs à l'amélioration de leurs diverses races et à ne produire que des bêtes de choix et de distinction. L'on doit encore allouer des primes aux étalons de l'industrie privée, qui sont dans de bonnes conditions.

Cette préoccupation exclusive pour le cheval de selle est encore un des effets produits par l'influence du Jockei-Club, avec sa manie d'importer en France les modes anglaises. Ne croirait-on pas vraiment qu'en Angleterre il n'y a que des chevaux de selle pour tous les usages et pour tous les besoins. Nous n'avons pas voyagé dans ce pays, mais M. de Gourcy a eu l'extrême obligeance de nous donner un exemplaire de son intéressante excursion agronomique en Angleterre et en Écosse, et nous y voyons qu'à peu près partout ce sont de forts chevaux qui sont employés à la culture des terres. Quand donc on veut singer les gens, il faut ne pas se borner à ne les copier qu'en partie. Et qu'importerait, après tout, qu'en Angleterre on se servit ou non de forts chevaux, dès qu'en France, ils sont reconnus d'une grande utilité, on doit s'en servir, et par suite les encourager à l'égal des chevaux de selle.

Il faut encourager toutes les races différentes. Il faut les améliorer et les perfectionner toutes. Et, comme nous l'avons dit plus haut, il n'y a que l'Etat qui puisse avoir le moyen d'atteindre ce but. Mais il faut que les Chambres accordent plus de fonds à la direction des Haras qu'elle n'en a obtenus jusqu'à présent. Nous ne déterminerons pas le chiffre d'augmentation, parce qu'il faut qu'il soit subordonné aux nécessités, c'est-à-dire qu'il faut mettre les Haras à même de ne laisser rien en souffrance et de satisfaire à toutes les demandes d'étalons au fur et à mesure que les besoins se manifestent. Nous savons, par exemple, qu'à cet égard, dans la circonscription de Saint-Maixent, quand bien même le nombre des étalons serait encore doublé, il serait en dessous des nécessités. Si, en Angleterre, dont on parle tant, un simple particulier emploie cinq millions par an pour son propre Haras, l'État pourrait bien employer plus de deux millions pour toute la France.

Voilà à peu près ce que nous comptions dire au Congrès, pour repousser les conclusions de la Commission. Nous n'avons pas la présomption de croire n'avoir dit que du neuf, ce qui serait peut-être assez difficile dans l'examen d'une question déjà vieille; mais on remarquera que ce n'est pas nous qui l'avons soulevée ou plutôt ravivée, et qu'il fallait bien une réponse à un système qui s'est joué du Congrès en envahissant la Commission, en faisant imprimer son rapport malgré la défense du Congrès, et en abusant du nom du Congrès pour se donner un appui qui lui manquait.

En résumé, nous dirons que l'Agriculture ne veut et ne peut vouloir, ni de l'Administration de la guerre, ni du Jockei-Club pour la direction de la production chevaline ; que, du reste, il doit être bien entendu que cette direction consiste, non pas à régénérer mais uniquement à conserver, améliorer ou perfectionner toutes les races exploitées par les producteurs, lesquelles ont toutes un égal droit à la protection et aux encouragemens de l'état ; que sous ce rapport, les Haras sont une bonne institution, que maintenant ils sont dans de bons erremens, dans lesquels ils doivent persévérer, que leur direction ne peut être confiée qu'au ministre de l'Agriculture, et qu'il y a nécessité d'augmenter leur budget dans la proportion des besoins qu'ils ont à satisfaire.

Quant aux remontes de l'armée, qu'il est urgent de déterminer d'une manière exacte et invariable le nombre de chevaux nécessaires à l'armée, pour ses remontes de chaque année, en temps de paix, et de se conformer au cours pour les achats de chevaux de troupe, c'est-à-dire de ne pas imposer de tarifs aux officiers acheteurs ; que l'Agriculture doit se borner à demander qu'on lui paie ses produits suivant leur valeur, et n'a point à s'immiscer dans la détermination du mode de remonte à employer par l'Administration, que ce point concerne seule ; ni dans la recherche de ce qu'ont pu coûter et rapporter à l'état les essais infructueux de la Guerre, attendu que cela concerne les Chambres qui sans doute porteront dans cet examen la sévérité de leurs investigations pour l'édification des contribuables ; mais que l'Agriculture a le droit de faire observer à la Guerre qu'elle ne dit pas vrai quand elle prétend ne pas trouver en France de quoi opérer ses remontes, et que sa conduite est inqualifiable, d'aller, sous ce spécieux prétexte, porter nos millions à l'étranger.

Quant aux moyens d'encourager, s'il est besoin, la production et l'élève du cheval de selle ou léger, qu'il y a nécessité de fermer les barrières aux chevaux de cette espèce en favorisant au contraire l'introduction des poulinières et des étalons, d'améliorer la viabilité et d'appeler dans les campagnes les propriétaires et leurs capitaux ; mais qu'il ne faut pas penser du tout aux transmigrations, ni trop se préoccuper des courses de quelque espèce qu'elles soient.

Tels sont les motifs par suite desquels nous avons, au Congrès, déposé sur le bureau, un amendement aux conclusions du rapport de la Commission conçu dans les termes suivans :

Le Congrès émet le vœu,

1° Que l'administration des Haras soit maintenue dans les attributions exclusives du ministre de l'Agriculture, et qu'il soit établi, dans chaque dépôt, quelques stations d'étalons d'une nature conforme à la race du pays, lorsque celle-ci est bonne et utile.

2° Que les chevaux de selle soient frappés aux frontières d'un droit d'introduction qui n'atteindrait pas les poulinières et les étalons destinés à la reproduction.

3º Que les dépôts de remonte soient astreints à payer les chevaux de troupe, au moins le prix que les paie le commerce.

Et 4º Que le chiffre des besoins ordinaires de l'armée soit fixé d'une manière invariable pour chaque année.

Au Congrès à Paris, le 4 mars 1844.

SAUZEAU.

www.ingramcontent.com/pod-product-compliance
Lightning Source LLC
Chambersburg PA
CBHW051332060726

47596CB00004B/1583